GEOSYSTEM
じおしすてむ

地球科学入門

── この素晴らしい惑星

東京図書出版

はじめに

　月という衛星をもつ地球は、太陽の周りを回りながら約46億年もの歳月を経て自身の内部活動と連動し、現在の地球を形成しました。

　地球上で起こっている様々な自然現象は一つのシステムとなって物質循環を促し、地球上に多くの恵みをもたらして現在の水と緑豊かな地球となりました。

　しかしながらそのシステムは、時に人類にとって地震や洪水のような脅威となって私たちに襲いかかってきます。

　私たちは地球内部の活動や物質循環の仕組みを正しく理解することで、地球が引き起こすそれらの脅威に備えることができます。

　本書では地球システムの道のりを辿り、過去から現在までの情報を知る手がかりとその解析方法をご紹介したいと思います。

　それらは小さな一助となりますが、皆さんが地球環境や防災について考えるきっかけとなれば幸いです。

　令和6年12月

GEOSYSTEM

イタリア　ポンペイ　ヴェスヴィオ火山

　イタリアの南部に位置するポンペイという都市は、約2000年前にヴェスヴィオ火山の噴火によって生じた高温の火砕流によって飲み込まれてしまいました。
　当時、ポンペイに暮らしていた人々は、自分たちの財産を守り逃げる間もないままその生涯を終える結果となり、その姿は堆積した火山灰の中で空隙となって見つかっています。
　現在ではその惨劇が発掘され、当時のポンペイという都市が栄えていたことが窺える痕跡が遺跡として保存されています。

目 次

はじめに I

第 1 章　地球システム編 7

地球の形成 9

地球の構造 13

プレートテクトニクス 17

地　軸 21

地球磁場 23

氷期と間氷期 27

エレメントとゆらぎ 29

季　節 33

風化と浸食 35

火　山 39

岩石と鉱物 43

地　震 45

風と台風 47

第2章　調　査　編 51

お出かけ前の下準備（地形図）........................... 53

露頭観察 55

調査例 59

標準貫入試験 63

第3章　分析・解析 69

ボーリングデータ解析 71

Ｎ　値 74

支持層 75

第4章　今後の展望 77

地球温暖化 79

宇宙開発 81

防　災 83

参考文献・引用元 84

第1章
地球システム編

地球の形成

　地球は約46億年前、巨大な星の爆発で残った破片から形成されました。
　地球は太陽の周りを回り、星の元となる『微惑星』と呼ばれる岩石に固まって形成され始めました。

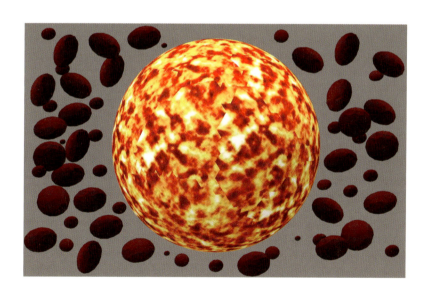

　微惑星は自らの重力によって引き寄せられ惑星を形成し、地球は最初、沸騰するような溶岩の塊でした。

その後、塊となった地球に向かって巨大な岩が衝突してその衝撃で岩石は溶けて飛び散りましたが、集まり冷えて月となりました。

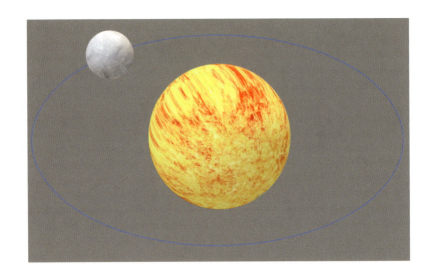

　月を形成した衝突の衝撃により、多くの鉄とニッケルが地球の中心に向かって集まり非常に高密度の核を形成しました。
　形成された核は地球の内部を今日まで高温に保ち続けています。
　溶けた岩石は金属核の周りに厚いマントルを形成しました。
　核の熱はマントルを温かく保ち、お粥を沸騰させるかの

ようにかき混ぜています。

その後、マントルの表面は冷えて固まり、薄い地殻が形成され、火山から噴き出す蒸気とガスは、地球の大気を形成しました。

噴出された蒸気は凝縮して水になり、それは雨となって降り注ぎ、海を形成しました。

つまり、地球がまだ半溶融状態であった時、鉄などの高

密度の元素が沈んで核を形成し、代わりに酸素などの軽い元素が浮き上がり地殻を形成したのです。

ワンポイント

- ☑ 地球は初め微惑星の塊からでき、地球に隕石が衝突した破片が飛び散り固まって月を形成した。
- ☑ 火山活動等により海と大気ができた。

地球の構造

　地球は内側から内核、外核、マントル、そして私たちが住んでいる場所に最も近い地殻で構成されています。

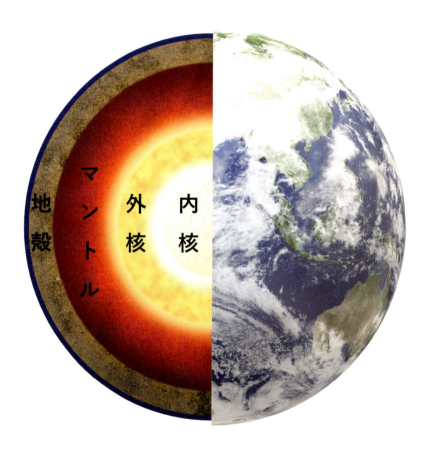

内核は鉄の塊、外核は鉄を主とした液体であることが、これまでの研究で分かっています。

　マントルは熱くて柔らかい岩石の層があり、その構成される岩石のもつ熱によって密度が変化して対流し、地球内部をゆっくりと丸くかき混ぜるように循環しています。

　マントルの岩石は非常に温かく、マントルの中を進むにつれて温度は着実に上昇し、最終的には約3000℃に達します。

　マントルの一部は岩石が溶けてマグマの洪水となり、地殻の端部に沿って集まり、その後、地表に上昇し、火山として噴出します。

　マントルの下にはさらに熱い鉄とニッケルの核があります。

　外核は非常に高温で約4500℃から約6000℃まで上昇しているため、常に溶けています。

　内核のコアはさらに高温になりますが（最高約7000℃）、周りからの圧力があるため、固体のままです。

　地殻は厚さが数十キロメートルの薄くて硬い岩石の外殻です。

　地球に対する地殻の厚さはリンゴを地球としてたとえるとリンゴの皮とほぼ同じです。

　地殻はマントルと同様に岩石からなり、その厚さや岩石の構成から『大陸地殻』と『海洋地殻』に大別することが

できます。

　地殻とその下のマントルとの境界は『モホロビチッチ不連続面』と呼ばれています。

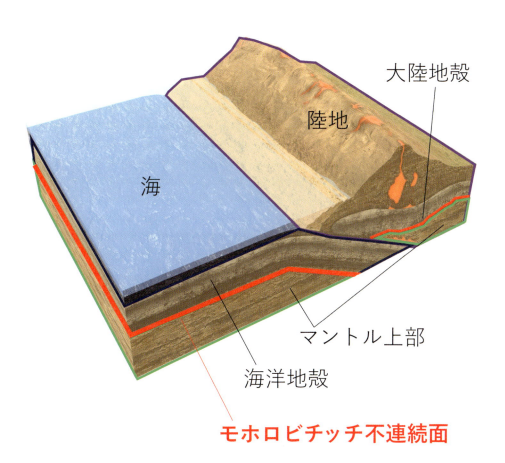

地球内部に関する情報は主に地震波が様々な種類の岩石の中をどのように通過するかによって得ることができます。

　つまり、地上から発せられた地震波がどのように反射されるのかを分析することによって地球内部の構造がわかるのです。

　例えば、冷たくて硬い岩は熱くて柔らかい岩よりも速く波を伝えます。

　つまり地震波の速度の違いによって地球内部の岩石の密度を明らかにすることができたのです。

ワンポイント

- ☑ 地球内部は内側から内核、外核、マントル、地殻である。
- ☑ 地球の内部にいけばいくほど高温になる。
  内核は約7000℃、外核は約4500〜6000℃、マントルは約3000℃。
- ☑ 地殻は大陸地殻と海洋地殻に分けられる。
- ☑ 地球内部の構造は地震波の伝わり具合によって解明されてきた。

プレートテクトニクス

　大陸地殻と海洋地殻はそれぞれが重なり合うように存在しており、海洋地殻は常に少しずつですが大陸地殻の下に沈み込んでいます。

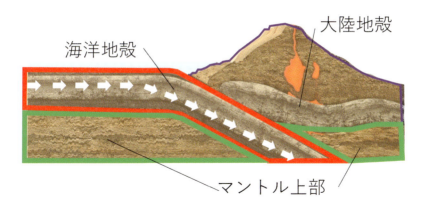

　地殻が地球上を動く現象のことを『プレートテクトニクス』と呼びます。
　地殻変動の原動力はマントルの対流によるもので、海の中にある『中央海嶺』から新しいプレートが生まれて動き続けています。

　プレートは常に移動しており、1年間に約10cmずつ移動しています。
　この地殻変動は大陸地殻と海洋地殻の間にひずみを与え大陸が隆起することで山脈が形成されてきました。
　そのため時には山であっても海でできた地層の痕跡（海生生物の化石）をみつけることもあります。

海洋地殻は中央海嶺から誕生したのち、左右に拡大するとともに年代が古くなっていきます。

　大陸地殻は海洋地殻よりも密度が小さいため大陸地殻の下に海洋地殻が沈み込むことになります。

　一方で大陸地殻同士が衝突するとお互いに沈み込むことはなく重なり合い、ヒマラヤ山脈のようなとても高い山脈を形成します。

　およそ３億年前は世界の６つの大陸すべてがつながっていたと推測されていて、この昔の巨大な一つの大陸のことを『パンゲア』と呼びます。

パンゲアは一時的な大陸の集合体のことを呼び、パンゲアが地球上の大陸の誕生形ではなく、3億年以前にも大陸の集合と分裂、海底の拡大が繰り返されていたと考えられています。

ワンポイント

- ☑ 地殻には大陸地殻と海洋地殻がある。
- ☑ 海洋地殻は海の中の中央海嶺から生まれて1年間で約10cm移動している。
- ☑ 移動した海洋地殻は大陸地殻に比べて密度が大きいため大陸地殻の下に沈み込む。
- ☑ 大陸地殻同士が衝突すると互いに重なり合い高い山脈を形成する。
- ☑ 世界の6大陸がすべてつながっていた現象のことをパンゲアと呼ぶ。

地　軸

　物と物の間には万有引力があり、互いに引き合っています。地球ではその力のことを『重力』と呼びます。
　その重力は地球の質量による万有引力と自転による遠心力を合計した場合に残った力のことです。
　遠心力は北極と南極では0であるため、万有引力だけの重力となり、赤道では最大の遠心力となります。

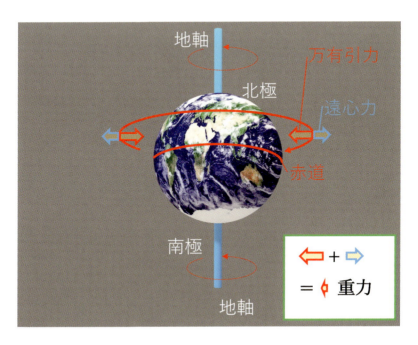

地軸を中心として回転している地球は遠心力と万有引力のつり合いの差から遠心力の影響を最も受けている赤道の方向に向かって大きくなるので、地球は正確な球体ではありません。

　すなわち地球は遠心力が最も大きい赤道付近で膨らみ、遠心力が影響しない北極と南極の部分がへこんだ回転楕円形になっていると考えられています。

ワンポイント

☑ 物と物の間には万有引力があり互いに引き合っている。

☑ 地球では万有引力と自転による遠心力の差が重力となって物質を引き付けている。

☑ 遠心力は北極と南極では０、赤道では最大の遠心力となる。

☑ 赤道付近では遠心力が最大となって大きく膨らんでいるため、地球は正確な球体ではなく楕円形である。

地球磁場

　地球は太陽から注がれる光を受けることで環境が大きく変化しますが、太陽から放たれている光は人体にとって有害な宇宙線（放射線）です。

　太陽からの熱波による影響は人体に有害なだけではなく、今の地球環境を悪化させることにも大きくつながります。

　地球は構成される内部構造から大きな1つの磁石となっており、その磁石から発生する磁場はコンパスという道具を使うことによって方角として知ることができます。

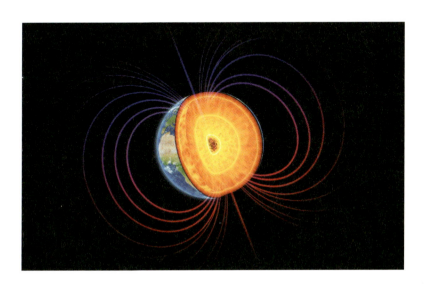

磁場は太陽から放出される太陽風の熱波から地球自らを守っており、オーロラという現象でもその姿をみることができます。
　そのため私たち生物は有害な宇宙線（放射線）から守られて生活することができるのです。

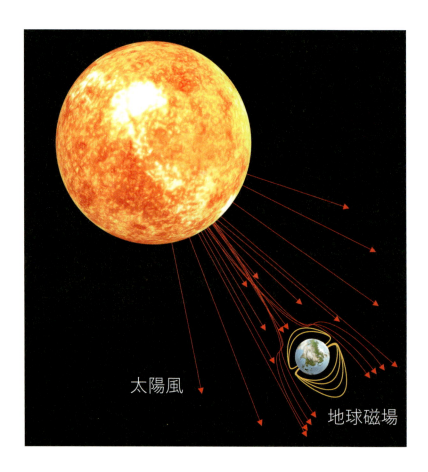

地球を守っている磁場のことを『地磁気』といい『双極子磁場』とも呼ばれます。
　地磁気の方向は北極側にＳ極、南極側にＮ極となり磁気圏をつくります。
　しかしながらそのＳ極とＮ極の方向は地球が回転している自転の軸と同様ではないので注意が必要です。

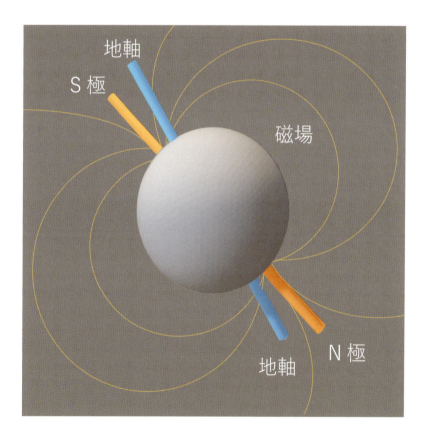

また、火山岩をつくるマグマが海底に噴出したときは、高温（約1000℃）の液体であり、それが冷えて固まる過程で地球磁場の方向に磁性鉱物が磁化されて永久磁石となり、その方向が記録されます。

　こうした岩石の磁気を調べることによって過去の地球磁場を知ることができるのです。

ワンポイント

☑ 太陽からは常に太陽風が放出されている。

☑ 地球は１つの大きな磁石になっていてその磁場で太陽風から地球は守られている。

☑ コンパスを使うことによってＳ極とＮ極の方角を調べることができる。

☑ Ｓ極とＮ極の方角は地球が自転をしている地軸と一致しない。

☑ 岩石が冷えて固まる過程において磁性鉱物が含まれていれば磁性鉱物が永久磁石となりその方向が記録されるので過去の地球磁場を調べることができる。

氷期と間氷期

　地球は気温が高い『間氷期』と気温が低い『氷期』のサイクルを繰り返しています。

　過去より実施されてきた研究結果ではそのサイクルが約10万年の間で繰り返されていることが分かっています。

　その約10万年の周期で訪れる氷期と間氷期のサイクルのことを『ミランコビッチサイクル』と呼びます。

　ミランコビッチサイクルを構成する条件は『太陽からの日射量』、『地球の地軸の傾き』、『太陽の周りを回る地球の公転軌道』が大きく関係していると考えられています。

　太陽から注がれる太陽エネルギーは地球上で吸収されるものもあれば地球外へ放射されるものもあります。

　その均衡に差が生じることによって氷期になったり、間氷期になったりするのです。

　つまり、太陽から注がれるエネルギーの量が地球外へ放射されるエネルギーの量より多くなれば間氷期となり、逆に放射するエネルギーが多くなれば氷期となるのです。

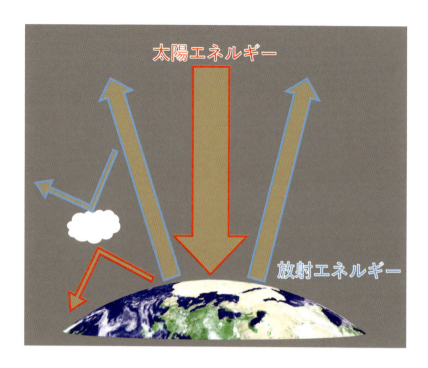

　太陽エネルギーは地球上で循環する大気と海水の温度に大きく影響を与えます。その影響が地球表層において物質やエネルギーを循環させる仕組みのことは『大気海洋結合大循環モデル』とも呼ばれます。

ワンポイント

☑ 太陽からの日射量、地球の地軸の傾き、地球の公転軌道が地球のエネルギー収支に大きく影響している。

エレメントとゆらぎ

　地球には火、水、土、風のエレメントが存在し、それぞれのエレメントは複雑に絡み合い様々な物質となって地球内部や地上において循環しています。
　その旅は私たち人類が生きるために必要な要素となり、かけがえのない恩恵を与えてくれています。
　エレメントは物質を形創る原子のサイズから広大な山脈や海に至るサイズまで様々です。

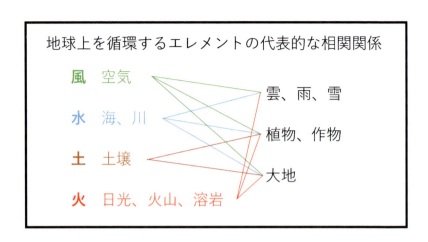

　この他にも様々なエレメントの組み合わせの結びつきが私たち人類を含む沢山の生命を育んでいます。
　地球上でのエレメントの旅は長い歳月を経て現在の大陸や海を形創りました。
　それは地球規模の**大物質循環というシステム**を構築していると言えます。
　物質循環がバランスよく円滑に回ることにより、エレメントはそれぞれの個体が担った使命を果たします。
　人類にとって、また地球表面の物質循環において最も重要な要素の一つとなる水は太陽からの日光や月からの引力の影響を受けてその姿を刻一刻と変えているのです。

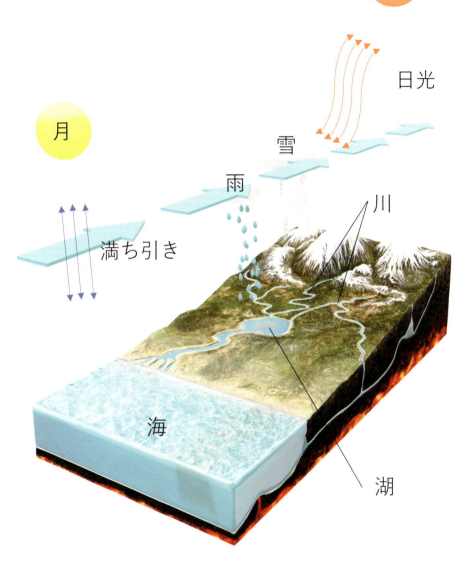

地球上にある海水や大気は太陽からの熱エネルギーによって海水の温度や塩分濃度、大気の気圧に差が生まれ循環することで流れが生まれ『ゆらぎ』を生み出します。
　そのゆらぎは地球上の生物や緑、作物などを育みます。

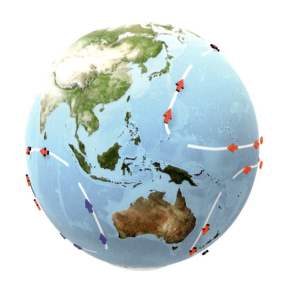

ワンポイント

- ☑ 太陽からの熱エネルギーの影響によって海水温度や海水の塩分濃度、大気の気圧に差が生まれて流れができ、ゆらぎとなる。
- ☑ ゆらぎは地球上の生物や緑、作物などを育む。

季　節

　地球は朝から夜になり、また朝を迎えるまでを1日として24時間かけて1回転しています。
　その地球の回転のことを自転と言います。
　地球は自転をしながら太陽の周りを約365日かけて回っていて、太陽から注がれる光の当たり具合によって暑くなったり寒くなったりするので季節が生まれます。
　地球は地軸の傾きによって太陽の周りを1周する間に太陽の光の当たり具合が変わります。

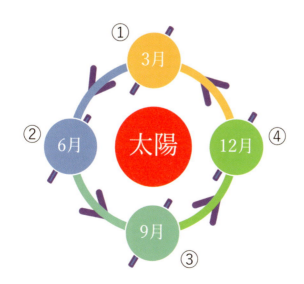

つまり季節の変化は、地軸の傾きが太陽の周りを回る時に常に同じであるために起こります。

　③から地球が太陽の周りを4分の1周移動すると、④の位置となり、北半球が太陽から遠ざかりはじめ北は涼しい気候となりますが、南半球は逆に暖かい気候になります。

　②では逆に北半球が太陽の近くになりますので暑い気候となりますが、南半球は太陽から遠ざかりますので涼しい気候となります。

　①、③では3月と9月頃、世界中で昼と夜の長さがちょうど同じ12時間になる時があります。

ワンポイント

☑ 地球は自転をしながら太陽の周りを約365日かけて回っている。

☑ 季節は地球の地軸の傾きが常に一定である状態で太陽の周りを回ることでもたらされている現象である。

☑ ②と④の付近の位置に地球が来ると北半球と南半球では逆の季節となる。

風化と浸食

　地球上で起きている物質循環において重要なファクターとなるのが『風化』と『浸食』です。

　風化とは雨や風、昼間と夜の温度変化によって岩石や地層に与えられるストレスにより岩石や地層がもろくなる劣化現象のことです。

　岩石や地層が風化すると雨や風によって削られやすくなります。

　特に鉄分を多く含む地層では鉄分が酸化して褐色になることが特徴的で、酸化した地層は、さらにもろくなりやすくなります。

　例えば田んぼの中にある土は灰色ですが、空気に触れることで土に含まれる鉄分が酸化して5分もすれば灰色から褐色になります。

　また、昼間と夜の温度変化によって岩石が膨張と収縮を繰り返して亀裂が入ることも風化の一つです。

　もろくなった岩石や地層は雨や風にさらされることで大地は削られます。

　このように雨などの作用によって岩石や地層が削られることを『浸食』といいます。

浸食の作用は渓谷を形成します。
　渓谷には雨水が多く集まるので浸食はさらに進みます。
　浸食された岩石や地層からは砂が供給されて川を流れ下り、海の水面下で最も厚く堆積し、長い年月を経て圧密されて堆積岩となるものもあります。

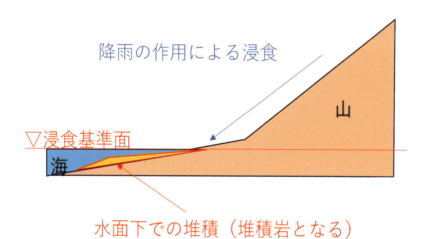

　川の場合、山から海までの間で浸食作用が働きますので、逆に言うと海の中までいけば川による浸食作用はなくなります。
　その浸食が止まる基準となる海面のことを『浸食基準面』と言います。
　特に浸食は海面という浸食基準面までを境にして起こりますので、海面の高さが低くなる氷期に最も進みます。

氷期に形成された大きな渓谷は数十メートルにおよび間
氷期になると海面の高さが高くなりますので、川から流れ
てきた砂や泥が渓谷を中心として堆積します。

　堆積した砂や泥は平たんに溜まりますので、山と海の間
には平たんな平野が広がっていることが多いのが特徴で
す。

　平野に比較的新しい平らに溜まった地層のことを沖積層
と呼びます。

　沖積層は粘土質の地層を主としており、水分を多く含ん
でいます。

　水分が多いのは海の中で形成された地層であるためで
す。

　沖積層は浸食された渓谷の中に溜まるので深いところで
は数十メートルもの厚さになることもあります。

　沖積層の厚さを辿ればかつてあったであろう渓谷の姿を
みることができるかもしれません。

ワンポイント

☑ 風化とは雨や風、昼間と夜の温度変化によっ
　て岩石や地層に与えられるストレスにより岩
　石や地層がもろくなる劣化現象のこと。

☑ 浸食とは岩石や地層が雨や風にさらされて削

られる現象のこと。

- ☑ 浸食作用は浸食基準面を境として止まり、川の場合、浸食基準面は海面である。
- ☑ 沖積層は氷期の間に浸食作用によってできた渓谷の中を埋めるように平らに堆積して平野を形成した。
- ☑ 沖積層は海の中で形成されたため、水分を多く含んでいる。
- ☑ 深いところでは沖積層の厚さが数十メートルに達しているところもある。

火 山

　火山のマグマはマントルの上部で発生して地殻まで上昇し、火山活動によって地表に噴出して火山体をつくります。

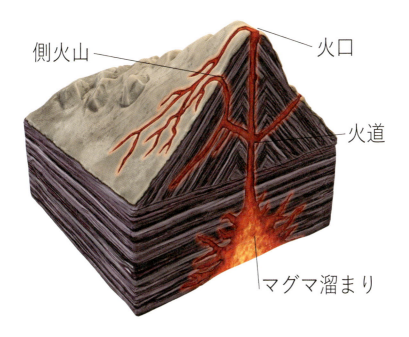

　火山の下には通常、マグマ溜まりと呼ばれる大きなマグマの部屋があります。
　噴火の前にマグマがその部屋に集まります。

マグマ溜まりからは細い煙突状の噴出口が地表までつながっています。

マグマは内部のガスによって火口に押し上げられマグマが地表に近づくと圧力が下がりマグマに溶けているガスが膨張します。

膨張したガスは溶けた岩石を上方向に押し上げ、マグマを火口の外に出しますが、すべてのマグマが中央の火口から噴き出すわけではありません。

マグマのいくつかは分岐した側火山からも出て小さな火山を形成します。

火山が噴火すると、溶岩、火山灰、ガスなどのさまざまな高温物質が放出されます。

火山灰は噴火によって空中に吹き飛ばされたガラス質の物質です。

火山から噴き出した火山灰は沈降して数メートルの深さの層を形成し、地面を完全に覆ってしまうこともあります。

火山灰が同じ厚さで重なる現象を『マントルベッティング』と言います。

関東地方ではローム層という富士山から排出された火山灰のマントルベッティングの地層をしばしば見ることができます。

千葉県山武郡にて見られたローム層

　また、火山灰が空気中でその形態を維持できず噴煙柱が崩れて山肌を流れ下る現象を火砕流と言います。
　火砕流は数百キロメートルのスピードで流れ下ります。
　溶岩は地球内部から出てきた熱く溶けた岩石です。
　地下にある間はマグマと呼ばれます。
　つまりマグマはマントル上部または地殻下部の岩石が部分的に溶けたものであり、その作用は地球にとって様々な影響を与えます。
　例えばマグマから噴出した水蒸気や二酸化炭素などのガ

スは空中へ放出されて空気や地球上にある水に加わります。

　マグマによって生まれた火山体は太陽エネルギーによって風化・浸食され砂や泥をつくりだします。

　浸食された砂や泥は雨によって川を流れ下り堆積と浸食を繰り返しますが、最終的には浸食基準面を境として堆積し、一部の堆積物は長い時間をかけて堆積岩となります。

ワンポイント

☑ 火山が噴火すると、溶岩、火山灰、ガスなどの様々な高温物質が放出され、地球の物質循環に加わる。

☑ 火山灰が同じ厚さで重なる現象をマントルベッティングと言う。

☑ 噴煙柱が崩れて山肌を流れ下る現象を火砕流という。

岩石と鉱物

　岩石とは個体地球における地殻・マントルの構成要素で鉱物の集合体のことです。

　つまり、地球を構成する物質のうち、地殻とマントルは主として岩石から形成されています。

　岩石は大きく３つの種類、

　　①火成岩　②堆積岩　③変成岩

に分けることができます。

　①火成岩とはマグマが冷えて固まってできる岩石のことで、大きく火山岩、半深成岩、深成岩の３つに分けられます。

　②堆積岩は堆積物が長い時間をかけて形成された岩石のことで、その構成される粒径から礫岩、砂岩、シルト岩、泥岩、粘土岩に分けられます。

　③変成岩は既存の岩石の中に存在していた鉱物が固体反応で再結晶したものを言います。

　つまり変成岩は様々な種類の岩石が熱と圧力によって改めて変成された岩石のことです。

43

また、鉱物とは岩石の構成要素で天然に存在する無機物質のことで、特定の範囲の化学組成を持ち、それぞれの鉱物は特定の結晶構造を持っています。

　鉱物は同じ組成（材料）のものであっても温度と圧力の違いによって生成される結晶構造が異なります。

　同じ組成であっても結晶構造が異なることを『多形』と言います。

　多形鉱物はそれぞれ名前が異なり、例えば、同じ SiO_2 からなる鉱物であっても加わる温度と圧力の違いから石英、コーサイト、スティショバイトというように名前が変わります。

　地球の地殻を構成する主な鉱物としては斜長石が42％、カリ長石が22％、石英が18％と考えられています。

ワンポイント

- ☑ 岩石とは鉱物の集合体のこと。
- ☑ 岩石は大きく火成岩、堆積岩、変成岩に分けることができる。
- ☑ 鉱物はそれぞれ特定の結晶構造を持っているが、加わる温度と圧力の違いから同じ組成でも名前が異なる。

地　震

　地震は地面の揺れです。

　人がほとんど揺れを感じないような小さな揺れ方の時も
あれば、山を破壊するほどの大きな揺れ方をする時もあり
ます。

　大地震は、地球の表面を構成する広大なプレートが互い
に擦り合うことによって引き起こされます。

　プレートは常に滑りながら通過していますが、時々応力
によってプレート境界に含まれる岩石が曲がったり伸びた
りしたあと折れてしまい、これによりプレートが揺れ、衝
撃波が発生し、地震となります。

　プレートは通常、1年間で互いに約4〜5cm程度スライ
ドすると考えられていますが、大地震を引き起こす滑り
では、数メートル以上滑り落ちる可能性もあります。

　ほとんどの地震では、数回の小さな揺れ（前震）の後
に、1回目の大きな揺れ（本震）が続き、2回目以降の一
連の小さな揺れ（余震）が数時間の間に発生します。

　地下での地震の発生点は『震源』と呼ばれます。

45

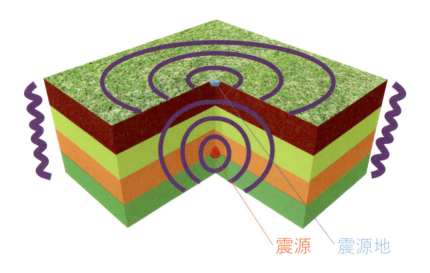

震源　震源地

　地震の震源地は震源の真上にある地表上の点です。
　地震は震源地で最も強く揺れ、円を描いて放射され遠ざかるにつれて徐々に弱まっていきます。
　地震波には『P波（縦波）』と『S波（横波）』の2種類があり、P波はS波よりも速く伝わる性質があります。
　気象庁が発表する緊急地震速報ではP波が観測されることでいち早く地震が起きていることを知らせてくれます。

ワンポイント

☑ 地震の発生点は震源。
☑ 地震の震源地は震源の真上にある地表上の点。

風と台風

　風は空気を動かします。
　空気が移動するのは、太陽の光によって暖められたところとそうでないところの気圧に差が生じるためです。
　つまり風は高気圧から低気圧に向かって吹きますので気圧の差が大きいほど風の勢いは強くなります。
　例えば上空で空気が冷やされ、寒さによって空気が重くなって圧力が上がるので、その場所は高気圧になります。

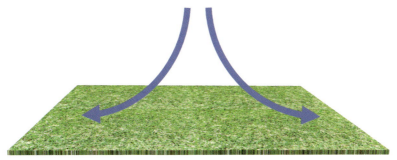

　そのため空気は風となって循環し天気を変えていきます。

低気圧のところは高気圧のところから空気が流れ込みますので低気圧の場所では空気が上昇します。
　さらに太陽の光により暖められた空気は膨張して上昇し、それらの条件が合わさりその場所の気圧は下がります。
　特に海の上では太陽の光によって温められた海水から水蒸気が発生しますので雲ができやすくなります。
　また、空気中の太陽エネルギーが多ければ多いほど、空気の循環が促され風は強まります。

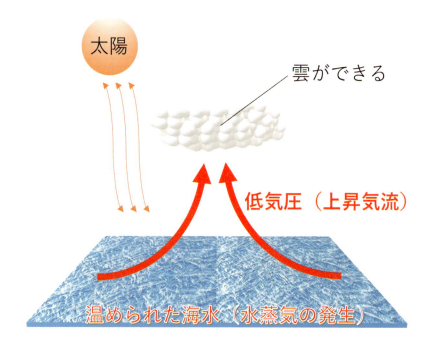

湿った空気が上空に到達すると水蒸気の粒が上空で冷やされ雲になり、その雲の粒がぶつかりながら大きくなると、上昇気流では支えきれなくなり、雨となって落ちるのです。

　熱帯の海上で発生する低気圧を「熱帯低気圧」と呼びますが、このうち北西太平洋または南シナ海に存在し、なおかつ低気圧域内の最大風速がおよそ17m/s以上のものを「台風」と呼びます。

　台風は風が強力で渦巻く雲の集合体となり渦の中心にいくに従って強風域、暴風域と風の勢いも強まります。

　台風は海水からの水蒸気によってエネルギーを蓄え熱帯

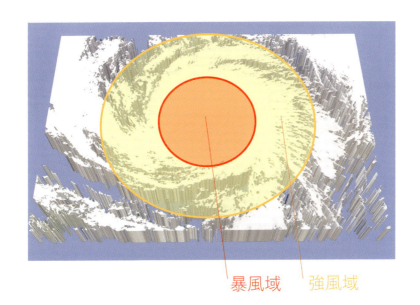

暴風域　強風域

49

低気圧から台風へ成長します。

　年々海水温が上昇している傾向がありますので、その分台風も強大化してきています。

ワンポイント

- ☑ 空気が風となって移動するのは、太陽の光によって暖められたところとそうでないところの気圧に差が生じるためである。
- ☑ 風は高気圧から低気圧に向かって吹くので気圧の差が大きいほど風の勢いは強くなる。
- ☑ 空気中の太陽エネルギーが多ければ多いほど、空気の循環が促され風は強くなる。
- ☑ 湿った空気が上空に到達すると水蒸気の粒が上空で冷やされ雲になり、その雲の粒がぶつかりながら大きくなると、上昇気流では支えきれなくなり、雨となって落ちる。
- ☑ 年々海水温が上昇している傾向があるので、その分台風も強大化してきている。

第2章

調査編

お出かけ前の下準備（地形図）

　土地の歴史や地形に気になる地域があるなら是非一度お出かけしてみてほしいと思います。
　しかしただ行くだけではなく、少し下調べをしていくのもより親しみが増してよいのではないでしょうか。
　どこかの土地に行くときに事前に参照をお勧めするのが『地形図』です。

地形図は国土地理院が作成・発行する地形を重視した地図のことで、日本全国が網羅されて作成されています。

　縮尺では1/5万と1/2.5万のものが主流です。

　現在では国土地理院のホームページで閲覧が可能です。

　地形図には様々な情報が記載されています。

　例えば等高線といって地面の高さを線で表示した情報が載っています。

　等高線は幅が狭いほど急な傾斜を表しており、等高線を見ることで地形の詳細を事前に知ることができます。

ワンポイント

- ☑ 地形図は国土地理院が作成・発行する地形を重視した地図のことで、日本全国が網羅されて作成されている。
- ☑ 縮尺は1/5万と1/2.5万が主流。
- ☑ 等高線は幅が狭いほど急な傾斜を表しており、等高線を見ることで地形の詳細を事前に知ることができる。

露頭観察

　山登りなどをしていると山の斜面に地層を見られることがあります。

　地層が露出していて観察できるところを『露頭』と言います。

　地層は食べ物にたとえるとバームクーヘンのようにいくつもの層が重なって成り立っています。

日本　伊豆大島　地層大切断面

露頭を観察できる場所は公共に開放されている山道など
にありますが、私有地や工事現場で露出している場所に入
るためには土地所有者からの許可が必要になりますのでご
注意ください。

　通常、地層は古い年代のものから新しい年代のものへと
織り重なっていきます。

　しかし、時たまに新しい地層が古い地層を押し上げてい
たり、風化や何らかの強い作用によって古い地層が削られ
ることにより年代の異なる地層が混在していることがある
ので注意が必要です。

　しかしながらその謎をひもとくことが地層の魅力の一つ
でもあります。

　露頭ではまず上下左右の方向の連続性を確認するところ
から始まります。

　例えば地層毎で色が変わっていたり、地層に含まれてい
る粒の大きさが違うものになっていたら一つの変化点を発
見したことになります。

　そのため、粒の大きさが大きいものから小さいものへ変
わっていたところがまた大きいものに変わっていたらそれ
も変化点の一つと考えてよいでしょう。

　新しい地層が古い地層に削り込んで堆積している時、
『新しい地層が古い地層にアバットする』と言い、その境
界のことをアバット不整合と言います。

56

次に、露頭観察の際に大切となるのが地層の厚さです。
　発見した地層の大きさがどれくらいの厚さであるかによって後々の地層の成り立ちを考える一つの手がかりになります。
　露頭観察の際には写真で記録を残すことをお勧めしますが、その際に地層の厚さがわかる物差し（スケール）を入れておくことが大切です。

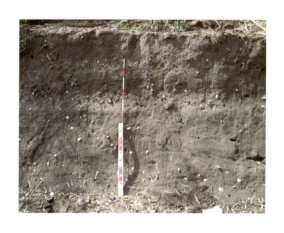

　あとは露頭を見つけた場所を忘れずに地形図などの地図に記録しましょう。
　観察日も忘れず付け、露頭に名前もしくは通し番号をつけておくと後で見返したときに分かりやすく整理できるのでよいと思います。

ワンポイント

① 露頭全体を見てすること
- 露頭全体の高さと幅はどれくらいの大きさか。
- 地層は水平、もしくは傾いているか。
- 地層毎の境界面はどうなっているか。

② 露頭に張り付いて各層を細かく観察して記録する
- 地層を構成する粒子の大きさはどれくらいか。
- 礫を含む場合その粒径、色、種類、形はどうか。
- 礫の種類は何か。
- 地層の厚さはどれくらいか。
- 地層の色は何色か。
- その他特徴的なところはあるか。

③ 露頭の場所と名前を地形図等の地図に忘れず記録する

調査例

　露頭観察の事例を一つご紹介したいと思います。
　今回紹介するのは千葉県館山市で確認できた露頭です。

こちらの露頭では上下左右に連続する貝殻交じりの粘土層と細砂層を見ることができました。

　粘土層や細砂層の中をよく観察してみると所々に貝殻が含まれており、海成層であることがわかります。
　茶色に見えるのが細砂層で灰色に見えるのが粘土層です。
　特徴的であったのが粘土層と細砂層が不規則に互層になっていることです。
　また、白く点々と見えるものが貝殻で、カガミガイのような約6cm程度の二枚貝の貝殻です。
　通常二枚貝は、砂地に潜り貝殻の割れ目を上下方向に構えて生息しています。
　しかし、今回の調査地では細砂層の中に上下方向に貝殻

を構えた状態で保存されている二枚貝が少なく、所々では割れて細かくなっている貝殻が多くありました。

　貝殻が割れて複雑に入り交じっている細砂層は何らかの作用によって粘土層の地層を乱して堆積したと考えられます。
　例えば津波のような堆積物を破壊して移動させる力をもつ何らかの強い流れによって砂や貝殻が流されて不整合に堆積した可能性があります。
　中には流木のような木片を含む箇所もありました。

　各層を詳細にサンプリングして調査すれば、さらに地層が形成された過程を解き明かすことができるでしょう。

ワンポイント

- ☑ 地層の観察は全体を見て上下左右の連続性を確認する。
- ☑ 写真を撮影するときは物差し(スケール)を入れる。
- ☑ 実際に土を触ってみて地層の粒度を確認する。
- ☑ 含まれている堆積物の特性を知り考察に活かす。

標準貫入試験

　標準貫入試験は原位置試験の一つです。

　通常、標準貫入試験は建築計画の詳細設計や施工のための地盤の情報収集を目的として行われます。

　調査方法は『サウンディング』と言い、Ｎ値、地層区分、硬軟判定を調査項目としています。

　標準貫入試験はボーリングに併用してもっともよく用いられており、地層構成の推定のための役割を持つとともに、粘性土から軟岩までの幅広い土質を対象として調査できる調査方法です。

　主な適用土質は粘性土、砂質土、砂れき等になります。

　標準貫入試験では土質採取ができるということと、地層の固さを打撃回数（Ｎ値）として得ることができる利点があります。

　調査方法は $63.5 \pm 0.5\,\mathrm{kg}$ の重りを $76 \pm 1\,\mathrm{cm}$ の高さから落下させ $30\,\mathrm{cm}$ 打ち込むのに要する打撃回数（Ｎ値）を得る方法です。

標準貫入試験の様子

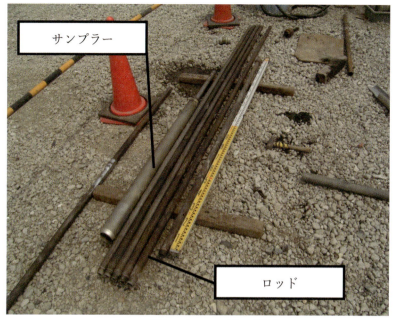

サンプラーとロッドの機材

　標準貫入試験の調査では人力で重りを落下させ、ボーリングマシンを使って重りを引き上げるという作業を繰り返して行われます。
　その際に先端のサンプラーが地面の中に貫入していき土質試料を採取するとともに、ロッドを繋いでさらに深くまで掘り進んでいきます。
　深い調査では約100ｍに達することもあります。
　サンプラーに土質試料が収まったら一度すべて引き上げ

試料を回収し、また削孔するという流れになります。

　得られたボーリング土質試料やＮ値は支持層の確認に利用でき、室内試験でさらに詳しく分析することもできます。

ボーリングによってえられた土質試料

ワンポイント

- ☑ 標準貫入試験は原位置試験の一つ。
- ☑ 粘性土から軟岩までの幅広い土質を対象とし

て調査できる。

☑ 標準貫入試験では土質採取ができるというこ
とと、地層の固さを打撃回数（N値）として
得られる。

☑ 試料やN値は支持層の確認や室内試験に利用
できる。

第 3 章

分析・解析

ボーリングデータ解析

　工事現場で採取されたボーリングコアをもとに室内試験を行うことでさらに詳しく地層の情報を調べることができます。

　室内試験はその目的によって様々な方法で行うことができますが、サンプルの量には限りがありますので自分がつき止めたい目的をはっきりさせることが重要です。

　室内試験は専門の機械を多数使用しますので試験をしたいサンプルがありましたら専門の機関に相談するとよいでしょう。

　ここでは地球科学を解析するうえで行われる試験方法の一部をご紹介したいと思います。

I　年代の測定

　例えば火山灰（テフラ）などの層がボーリングコアにあった場合にはそのテフラに含まれるガラスの形状や年代測定を行うことによりどこの火山からいつ噴出されたものであるのか特定することができます。

　以後、それと同じテフラが別の露頭で見つけられた場合

には、その地層の年代を速やかに特定できます。

　そのような年代を特定できるテフラのことを『キーベット』と言います。

II　微化石

　土質資料の中には土を形成している粘土や砂質土などのほかにも情報が入っていることがあります。

　例えばそれが海成層であれば『有孔虫』という原生生物の死骸が含まれている可能性があり、その特定の有孔虫の種類の個体数によって古環境を推定することができます。

　有孔虫は主に海水と淡水が入り混じった汽水域と海水のみからなる海水域に生息します。

　有孔虫は石灰質の殻をもつため堆積物中に保存されやすく、微量の堆積物からも多く産出するという利点があり、有孔虫化石群集により環境変遷を調べることができます。

　大きさは1mm以下の肉眼で確認できるかどうかの大きさですので、有孔虫の個体の種類を確認するには顕微鏡の使用が必須となります。

　すごく小さな『微化石』を顕微鏡をのぞきながら筆の先を使い種類ごとに並べていき、最終的にはその数を数えます。

　有孔虫は種類によってその個体が好む環境が異なります。例えば深い海水の中を好むものもいれば、汽水域のよ

うに淡水と海水が入り混じった環境を好むものもいます。

　そのため、現生の有孔虫の分布を把握することで出土した有孔虫の種類と照らし合わせることで堆積した地層がどのような環境で変遷してきたのかが分かるということです。

ワンポイント

☑ 室内試験はその目的によって様々な方法で行うことができるが、サンプルの量には限りがあるので自分がつき止めたい目的をはっきりさせることが重要。

☑ 室内試験は専門の機械を多数使用するので試験をしたいサンプルがあれば専門の機関に相談すること。

☑ 火山灰（テフラ）に含まれるガラスの形状や年代測定を行うことによりどこの火山からいつ噴出されたものであるのか特定することができる。

☑ 有孔虫は石灰質の殻をもつため堆積物中に保存されやすく、微量の堆積物からも多く産出するという利点があり、有孔虫化石群集により環境変遷を調べられる。

N 値

　N値とは標準貫入試験から得られる値のことで、63.5±0.5kgの重りを76±1cmの高さから落下させ30cm打ち込むのに要する打撃回数（N値）を得る方法です。
　つまりN値は地盤の固さを表す指標で、地盤が固ければ固いほどN値も大きくなりますので地盤の固さを数値化して可視化することができます。

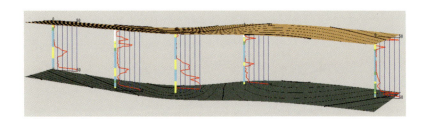

　上の図は柱状図とN値を表した3D画像になり、水色の粘性土と黄色の砂質土が主な柱状図になります。
　青い縦の線がN値の目盛りになっていて、左から、10、20、30、40、50となっています。
　赤い線がN値の値を表していて粘性土よりも砂質土の方がN値が高い傾向にあることが分かります。

支持層

　支持層とは建物や構造物を支えるために十分な固さを有する地層のことで、建築計画や土木工事の計画をする際には事前に標準貫入試験を行って支持層の確認をします。
　一般的に良質な支持層とは以下の項目を目安とします。

①粘性土層の場合にはＮ値が20程度以上でかつ一軸圧縮強度が$400\,kN/m^2$程度以上の地層。
②砂層、砂れき層の場合には、Ｎ値が30程度以上の地層。ただし、砂れき層はＮ値測定中にれきをたたく可能性があることからＮ値を過大評価する傾向にあるので、Ｎ値を補正するなどの配慮が必要。

　ただし、支持層利用の考え方は上載荷重によって決めますので、地表面の地盤改良などで地耐力が満足される場合もあります。
　いずれにせよ建築物や構造物の造成を計画する際には地下で見えない分、標準貫入試験で得られた情報から十分な検討が必要です。

第4章

今後の展望

地球温暖化

　地球上に住んでいる私たちは地球内部の構造によって生じる地磁気発生システムによって太陽風から守られ、大気や海水と物質の大循環モデルの恩恵を受けて生活していることは第1章をご覧いただいてご理解いただけたかと思います。

　しかし、現在の地球では産業革命以降排出され続けているCO_2に起因し、刻一刻と太陽エネルギーの収支バランスに支障をきたしている地球温暖化について、私たち人類はその気候変動への順応を余儀なくされています。

　地球温暖化は本来地球外へ放射されるべき太陽エネルギーが温室効果ガスの蓄積により大気圏内に溜まり続けていることで、海水温の上昇や気象現象の悪化を招いています。

　それは約46億年の年月の間に形成されてきた地球システムの視点で見れば一瞬の出来事ですが、水圏や気圏で生活する私たち人類にとっては一刻を争うとても深刻な問題です。

　社会経済をまわしている車や工場から排出される排気ガスはすぐに止めることはできません。

私たちには限られた個人財産の中での生活があり、すぐに脱炭素の設備投資をすることも難しく、そのエネルギーインフラもまだ化石燃料に依存しているのが現状です。

　しかし地球温暖化という社会問題は一人でも多くの人がその現状に気づき対策を推進していかなければ止めることはできません。

　まず私たちに求められているのは地球温暖化の原因となっている温室効果ガスの排出を抑制し、太陽エネルギー収支の均衡が同等となるよう元ある姿に戻すことを考えることです。

　温室効果ガスの排出が完全に抑制できれば、これ以上太陽エネルギーが地球に留まることはないでしょう。

　すぐにではありませんでしたが、じわじわと忍び寄ってきた地球温暖化の解消はすぐに解決できることではありませんので、まずは悪化を止めることを考えるべきです。

　約46億年かけて形成された今の水と緑にあふれたかけがえのない地球を後世に伝えていくために、私たちは心を一つにして環境問題の解決に取り組んでいかなければ地球で過ごす明るい未来は待っていないでしょう。

宇宙開発

　近年地球を脱出して月や火星へ調査に向かう衛星が開発され、人類にとって未知なる領域への挑戦が続いています。

　私が宇宙開発を推進したほうが良いと考える理由は２点あります。

　１点目は地球温暖化により地球におけるエレメントの物質循環に支障をきたし始めていることです。地球温暖化が進んでいることでエレメントの物質循環システムが暴走し、線状降水帯のように降雨が局地的になっていること、それと合わせて世界では干ばつが広がり作物が満足に育たないことで食糧問題が起こっているためです。

　エレメントの物質循環が滞れば生命にとって大切なゆらぎにも支障をきたしますので、現在の社会情勢のまま今後数十年を無駄に過ごしてしまえばさらに地球上の生命体が置かれる状況は悪化の一途を辿るでしょう。

　２点目は第１章でお話をした氷期と間氷期を繰り返すミランコビッチサイクルにより10万年周期で地球にまた氷期が訪れる可能性があることです。

　人類が氷期を乗り越え存続していくためには宇宙空間へ

避難をするか、地球の地底で暖かくして過ごすのか、いずれにしても食料問題やエネルギー問題に阻まれてしまうことは容易に想像することができます。

　これらの環境問題の課題について、今すぐに私たちにできることは過去から現在までの大気中の二酸化炭素濃度がどれだけ上昇し続けているのかを理解し、今人類が置かれている状況を正確に把握することです。

　また、宇宙開発と並行して石油のような化石燃料から未来のクリーンエネルギー、例えば水素や蓄電池のようなエネルギーの活用を推進することで長い時間をかけて大気の浄化を図ることも大切です。

　宇宙開発を推進することは宇宙の謎を解明するとともに人類にとって第二のコロニー（故郷）を見つけることに繋がります。

　今後の宇宙開発には地域コミュニティを形成できるほどの施設建設ができるのか、今後の技術革新に期待をしたいところです。

防　災

　地球上で起こる災害と言われる自然現象、例えば地震、台風、大雨や洪水、火山の噴火等は地球システムにおけるエレメントの物質循環の中で引き起こされている現象です。

　つまり、地球は常に動き続けていて私たち人類はそのシステムの中で地球が引き起こすそれぞれの現象に備え共存を図っていくことが求められます。

　どちらにしても残念なことにそれらの現象を止めることはできません。

　私たちはそれらの現象について日ごろから災害のリスクを知り、事前に備えることで災害の被害を少なくする取り組みをすることが重要になります。

　防災は長期的な取り組み、例えばまちづくりによって都市基盤を整える取り組みもあれば、今すぐにでもできる個人の取り組みとして家の耐震化や食料、水の備蓄等、様々あります。

　私たちが今できることを一人ひとりが考えて地球が引き起こす現象に備えていきましょう。

参考文献・引用元

Planet Earth, MiLes KeLLy PUBLISHING

『基礎地球科学』西村祐二郎、鈴木盛久、今岡照喜、高木
秀雄、金折裕司、磯﨑行雄共著、朝倉書店

「第四紀の氷期サイクルと日射量変動」伊藤孝士、阿部彩
子共著『地学雑誌』116巻

『偏光顕微鏡と岩石鉱物（第2版）』黒田吉益・諏訪兼位共
著、共立出版

『杭基礎設計便覧』公益社団法人日本道路協会

日本　富士山

GEOSYSTEM（じおしすてむ）

日本大学文理学部地球システム科学科（現地球科学科）
卒業。基礎杭メーカーで4年半修業後、土木技術の公務
員として10年以上働いている。

地球科学入門
—— この素晴らしい惑星

2025年2月8日　初版第1刷発行

著　　者　GEOSYSTEM
発 行 者　中田典昭
発 行 所　東京図書出版
発行発売　株式会社 リフレ出版
　　　　　〒112-0001　東京都文京区白山 5-4-1-2F
　　　　　電話 (03)6772-7906　FAX 0120-41-8080
印　　刷　株式会社 ブレイン

© GEOSYSTEM
ISBN978-4-86641-821-6 C0044
Printed in Japan 2025
本書のコピー、スキャン、デジタル化等の無断複製は著作権法上
での例外を除き禁じられています。本書を代行業者等の第三者に
依頼してスキャンやデジタル化することは、たとえ個人や家庭内
での利用であっても著作権法上認められておりません。

落丁・乱丁はお取替えいたします。
ご意見、ご感想をお寄せ下さい。